BEI GRIN MACHT SICH IHR WISSEN BEZAHLT

- Wir veröffentlichen Ihre Hausarbeit, Bachelor- und Masterarbeit

- Ihr eigenes eBook und Buch - weltweit in allen wichtigen Shops

- Verdienen Sie an jedem Verkauf

Jetzt bei www.GRIN.com hochladen
und kostenlos publizieren

Bibliografische Information der Deutschen Nationalbibliothek:

Die Deutsche Bibliothek verzeichnet diese Publikation in der Deutschen National-
bibliografie; detaillierte bibliografische Daten sind im Internet über http://dnb.d-
nb.de/ abrufbar.

Impressum:

Copyright © 2017 GRIN Verlag, Open Publishing GmbH
Druck und Bindung: Books on Demand GmbH, Norderstedt Germany
ISBN: 9783668483880

Dieses Buch bei GRIN:

http://www.grin.com/de/e-book/370747/kognitive-prozesse-waehrend-des-lernens-
und-vergessens

Anja Zaisser

Kognitive Prozesse während des Lernens und Vergessens

GRIN Verlag

GRIN - Your knowledge has value

Der GRIN Verlag publiziert seit 1998 wissenschaftliche Arbeiten von Studenten, Hochschullehrern und anderen Akademikern als eBook und gedrucktes Buch. Die Verlagswebsite www.grin.com ist die ideale Plattform zur Veröffentlichung von Hausarbeiten, Abschlussarbeiten, wissenschaftlichen Aufsätzen, Dissertationen und Fachbüchern.

Besuchen Sie uns im Internet:

http://www.grin.com/

http://www.facebook.com/grincom

http://www.twitter.com/grin_com

Vöhringen, der 27.06.2017

Anja Zaisser

Vorgänge im Gehirn während des Lernens: Gelerntes kann nicht vergessen werden – doch warum „vergessen" wir?

Inhalt

1. Definition des Begriffs „Lernen"

„Lernen" wird je nach Betrachtung – auf psychischer oder biologischer Ebene – anders definiert. Während die psychologische Definition meint, Lernen sei eine „auf individueller Erfahrung beruhende Veränderung des Verhaltens" werden bei der biologischen Betrachtung die Vorgänge im Zentralennervensystem als „die Verstärkung der Kontaktstellen zwischen Neuronen und Nervenfasern durch wiederholte impulsauslösende Erfahrungen" definiert.

2. Der Ort des Lernens

Der Prozess des Lernens findet in unserem Gehirn, einem riesigen Netzwerk aus Milliarden Neuronen (Nervenzellen), die über tausende Synapsen (Kontaktstellen) mit Axonen (Nervenfasern) verbunden sind, statt.

3. Wiederholung: Reizweiterleitung

Durch die dünnen Fortsätze der Neuronen, den Dendriten, wird ein eintreffender Reiz in Form eines elektrischen Potentials aufgenommen und zum Axonhügel, der sich im Zellkörper der Nervenzelle befindet weitergeleitet. Der Reiz muss eine bestimmte Stärke haben um den Schwellenwert zu erreichen und über den Axonhügel im Axon anzutreffen.

Am Ende des Axons befinden sich die synaptischen Endknöpfchen, die den elektrischen Impuls in einen chemischen Impuls umwandelt. Durch das ankommende elektrische Signal werden Neurotransmitter ausgeschüttet, die in den synaptischen Spalt wandern. An den Dendriten der nächsten Zelle löst der chemische Botenstoff erneut einen elektrischen Impuls aus, der nun von den Dendriten der nächsten Zelle wieder aufgenommen wird.

4. Langzeitpotenzierung

Beim Üben bzw. Wiederholen einer bestimmten Aktivität entsteht der Prozess der Langzeitpotenzierung (kurz: LTP), bei dem eine Kontaktstelle zwischen zwei

Nervenzellen durch eine Serie von Aktionspotenzialen wiederholt aktiviert wird und eine stunden- bis tagelange Verstärkung der synaptischen Übertragung stattfindet.

Normalerweise wird nicht jeder eintreffende Impuls weitergeleitet, doch wenn man etwas übt, wird nach einer gewissen Zeit die Frequenz der Übertragung erhöht und immer mehr Impulse werden über die Synapsen weitergegeben. Das führt zu einer verbesserten Übertragung und die stärkeren Reaktion der Postsynapse.

Bei dieser Verstärkung spielt die Art und die Anzahl der Rezeptoren eine große Rolle.

AMPA-Rezeptoren: Die AMPA-Rezeptoren gehören zu einer der zwei Arten von Glutamatrezeptoren in der postsynaptischen Membran. Durch sie ist es möglich, dass Natriumionen in die Zelle strömen und in der Zelle ein neuer Impuls entsteht.

Durch intensives Lernen können auch neue AMPA-Rezeptoren hergestellt werden, die zur postsynaptischen Membran wandern, was die Reaktion der nächsten Zelle auf einen Impuls abermals verstärkt.

NMDA-Rezeptoren: Nachdem sich die Frequenz der Übertragungen erhöht hat und die AMPA-Rezeptoren geöffnet sind, strömt durch die NMDA-Rezeptoren Natrium und Calcium in die Zelle. Dadurch wird der Impuls in der nächsten Zelle noch mehr verstärkt.

Diese Kontaktstellen des Neurons verändern sich bei jedem Impuls, der über die Nervenfaser das Neuron erreicht. Dadurch wird die Kontaktfläche zum Neuron vergrößert, was dazu führt, dass jeder Impuls der folgt eine stärkere Wirkung auf dieses Neuron ausübt.

Das heißt, dass je häufiger ein Impuls auf ein Neuron trifft, sich die Verbindung zwischen Nervenfaser und Neuron intensiviert. Je stärker diese Kontaktstelle ist, desto stärker ist auch die Erregung des Neutrons und desto stärker stehen die betroffenen Neuronen letztendlich für die Erfahrung, durch die der Impuls ausgelöst wurde.

Durch diese biologischen Prozesse, die sich während des Lernens im Gehirn abspielen erklärt es sich auch, dass Gehirnareale, die für eine Körperregion zuständig sind von der viele Reize ausgehen, mit der Zeit größer werden als die, die deren, die seltener Reize liefern.

Dies konnte auch in einer Station in unserem Lernzirkel beobachtet werden: Einer Person, die ihre Augen geschlossen hielt, wurde zweimal mit einem Schaschlikspieß sowohl in der Handfläche als auch am Rücken berührt und musste erkennen, ob die beiden Berührungen an unterschiedlichen oder gleichen Punkten getätigt wurden. Die Beobachtungen, dass man in den Handflächen noch wesentlich geringere Abstände erkennen konnte weist darauf hin, dass es ein großes Hirnareal für den Bereich der Handfläche und sehr kleines Hirnareal für den viel größeren Rückenbereich gibt.

Die Ähnlichkeit und Häufigkeit der Impulse bestimmen die Anzahl der Neuronen die für eine bestimmte impulsauslösende Erfahrung zuständig sind. Doch auch wenn mehr Neuronen für einen Impuls stehen als andere, ist anzumerken, dass sich nicht die Gesamtzahl der Neuronen ändert, sondern nur wofür welche Anzahl steht.

→ Erfolgreiches Lernen hängt folglich von der Zahl der zuständigen Neuronen und der Stärke der jeweiligen Synapsen ab.

5. Experiment von Manfred Spitzer

In einem kleinen Experiment zeigt Professor Manfred Spitzer, welche große Rolle die Erfahrung für das erfolgreiche Lernen spielt.

Zunächst zeigt er eine Pixelansammlung, die für den Betrachter beim erstmaligen Ansehen kein sinnvolles Bild ergibt. Daraufhin zeigt er ein weiteres Bild auf dem die schematische Darstellung einer Kuh zu erkennen ist. Plötzlich kann der Betrachter beim Ansehen der ersten Pixelansammlung ohne weiteres eine Kuh erkennen.

Erklärung: In nur wenigen Sekundenbruchteilen wurden Neuronen, die für die Erfahrung „Kuh" zuständig sind aktiviert und die Feinstruktur des Gehirns wurde nachhaltig verändert. Die Erfahrung, dass in dieser Pixelansammlung eine Kuh erkannt wurde prägt die Deutung der Pixelansammlung für immer und der Beobachter wird mit großer Wahrscheinlichkeit in Zukunft wieder eine Kuh erkennen können.

Das Gelingen dieses Experiments setzt allerdings voraus, dass der Betrachter das Aussehen einer Kuh bereits kennt, denn sonst hätte er in der Pixelansammlung auch nie eine Kuh erkennen können. Das heißt, dass wir über unsere Sinnesorgane nur das, was wir bereits früher als Erfahrung abgespeichert haben wahrnehmen.

Frühe Erfahrungen sind also die Voraussetzung dafür, dass wir neue Erfahrung schnell und richtig wahrnehmen und einordnen können.

6. Speicherung des Gelernten

Der Hippocampus gilt als das zentrale Gedächtniszentrum im Gehirn, in dem Informationen aus dem Kurzzeit- in das Langzeitgedächtnis übertragen werden. Lange Zeit glaubten Forscher, dass hauptsächlich im Hippocampus Gelerntes gespeichert wird.

Doch Mazahir Hasan vom Max-Planck-Institut für medizinische Forschung in Heidelberg und José María Delgado-Garcìa von der Universität Pablo de Olavide in Sevilla haben nun herausgefunden, dass diese Vermutung nicht immer richtig ist. Im Journal „Nature Communications" berichten sie darüber, dass Erinnerungen an miteinander verknüpfte Sinneswahrnehmungen tatsächlich in der Großhirnrinde gespeichert werden und nicht im Hippocampus, wie bisher angenommen.

In ihrer Studie untersuchten die Wissenschaftler das Lernverhalten genetisch veränderter Mäuse, bei denen die NMDA-Rezeptoren in der motorischen Hirnrinde ausgeschaltet wurden. NMDA-Rezeptoren spielen für Lernvorgänge eine große Rolle, weil sie zur Verstärkung der Signalübertragung an Synapsen beitragen oder sie abschwächen können.

Die Mäuse sollten einen Ton mit einem darauffolgenden schwachen elektrischen Reiz des Augenlids verknüpfen. In Folge des schwachen Elektroschocks schlossen die Mäuse reflexartig ihr Auge. Nach einiger Zeit schlossen die Mäuse ihr Auge bereits nur wenn sie den Ton hörten, auf den vorher der elektrische Reiz folgte. Dieses Verhalten beweist, dass sie die beiden Reize verknüpft haben und gelernt haben, dass zwischen dem Ton und dem Elektroschock ein Zusammenhang entsteht. Neben dem Hippocampus und der Großhirnrinde ist auch das Kleinhirn für diesen Lernvorgang entscheidend, da es für die Bewegung des Augenlids zuständig ist.

Ohne die NMDA-Rezeptoren in der primären motorischen Großhirnrinde gelang es den genetisch veränderten Mäusen allerdings nicht, den Zusammenhang zwischen Ton und elektrischem Reiz zu erkennen, obwohl der Hippocampus funktionierte. Auch wenn der Ton den elektrischen Reiz ankündigte, hielten sie ihre Augen offen. Die Erklärung für dieses Verhalten ist nun, dass diese Sinneseindrücke in der Großhirnrinde und nicht im Hippocampus gespeichert werden.

Im Juli 2012 hatten Kollegen von Hasan und Delgado-García am Max-Planck-Institut für medizinische Forschung entdeckt, dass es auch Mäusen ohne die besagten NMDA-Rezeptoren im Hippocampus möglich ist, räumliche Zusammenhänge zu lernen und zu speichern. Das weist darauf hin, dass der Hippocampus als Entscheidungsinstanz dient und die Sinneswahrnehmungen dann an die Großhirnrinde weiterleitet.

Durch die Ergebnisse dieser Forschungen wird dem Hippocampus eine neue Rolle bei der Erinnerung zugesprochen und es entsteht ein völlig neues Modell für die Organisation des Gedächtnisses.

7. Gelerntes wird nie vergessen

Die Forscherin Susanne Hofer und ihr Team beschäftigten sich mit der Frage, warum man vermeintlich Vergessenes schneller und besser lernt als einen komplett neuen Sachverhalt.

Auch zur Klärung dieser Frage wurde ein Tierversuch mit Mäusen durchgeführt, bei dem die Neurobiologen zeitweise ein Auge einer erwachsenen Maus verschlossen um durch bildgebende Verfahren zu sehen, wie sich diese Einschränkung auf die Nervenverbindung im Gehirn auswirkt.

Kurze Zeit nach dem Verschließen des einen Auges lernte die Maus, nur mit diesem Auge zu sehen, weil sich neue Nervenbindungen in dem Hirnareal für das Sehen bildeten und die Neuronen sich auf die Verarbeitung der Signale des verbliebenen Auges umstellten.

Als die Forscher die Mäuse wieder mit beiden Augen sehen ließen, strukturierten sich die Neuronen wieder um und passten sich an ein zweiäugiges Sehen an. Das weist daraufhin, dass sich die Anpassung der Neuronen auf das Sehen mit einem Augen wieder vollständig umkehren ließ und dementsprechend die zuvor aktiven Verbindungen nicht verschwunden sondern nur deaktiviert waren.

Beim Wiederholen des Versuchs, bei dem wieder ein Auge der Maus verschlossen wurde, konnten die Wissenschaftler beobachten dass die folgende Anpassung an ein einäugiges Sehen durch die Neuronen beim zweiten mal viel schneller erfolgte.

Aus diesen Untersuchungsergebnissen ist abzuleiten, dass sich Neuronen flexibel umstrukturieren können und bestimmte Kontaktstellen deaktiviert und bei späterem Gebrauch wieder aktiviert werden können. Durch diese besondere Eigenschaft der Nervenzellen ist also einfacher bereits Gelerntes, das anschließend wieder „vergessen" bzw. deaktiviert wurde nochmals zu erlernen.

8. Gelerntes kann nicht abgerufen werden

Dass Ähnlichkeit und Häufigkeit der eingehenden Impulse die Anzahl der Neuronen, die für eine impulsauslösende Erfahrung zuständig sind beeinflussen bedeutet, dass zum Beispiel eine Neuronenansammlung für Farben zuständig ist und eine andere beispielsweise für Zahlen.

In gewissen Situationen werden zwei Areale gleichzeitig aktiviert, bei dem das Areal für ein Themenfeld weniger zu tun hat als das für ein anderes Themenfeld, weshalb das Erkennen dieses Themenfeldes für uns anstrengender ist und somit länger ist.

Experiment:

Aufgabe: Ein Betrachter soll aus einer Tabelle, in der verschiedene Zahlen und Buchstaben zu sehen sind und soll die Zahl 8 bzw. den Buchstaben C finden

Beobachtung: Die Zahl zu finden dauert länger als den Buchstaben zu finden

Erklärung: Von den zwei aktivierten Arealen wurde das Areal für Zahlen stärker beansprucht und somit nahm das Finden der Zahl eine größere Zeit in Anspruch.

Gehirnareale können jedoch auch in unterschiedlichen Zeitabständen aktiviert werden, abhängig davon, wie oft diese Areale genutzt werden und davon, dass es nicht möglich ist, bereits gespeichertes wissen nicht zu nutzen.

Experiment:

Aufgabe: Ein Betrachter sieht verschiedene Wörter, die für Farben stehen (z.B. rot, grün, orange, blau) die in der jeweiligen Schriftfarbe geschrieben sind und soll sie vorlesen. Danach sieht er verschiedene Wörter, die wieder für Farben stehen, allerdings sind diese nicht ebenfalls in der entsprechenden Farbe eingefärbt (z.b. das Wort „rot" in Schriftfarbe blau)

Beobachtung: Die erste Aufgabe kann von dem Betrachter ohne große Anstrengungen gelesen werden, während es ihm bei der zweiten Aufgabe zunehmend schwerer fällt.

Erklärung: Das Gehirnareal, das für das Lesen zuständig ist wurde von dem Areal, das für Farben zuständig ist aktiviert. Da das Areal für Farben erst aktiviert wird, wenn der Betrachter das Wort schon gelesen hat, stört die andere Schriftfarbe beim Lesen nicht. Soll allerdings die Farbe der Schrift benannt werden, stört das Areal für das Lesen, dass durch den häufigeren Input aktiviert ist, den Betrachter sehr stark.

→ Schlussfolgernd ist zu sagen, dass es unmöglich ist, bereits gespeichertes Wissen nicht zu nutzen und Wissen, das häufiger angewendet wird früher abgerufen wird als wissen, dass seltener benutzt wird.

Für den praktischen Lernerfolg bedeutet dies, dass man besser lernen kann, wenn man neue Inhalte mit bereits vorhandenem Wissen verknüpft.

9. Beantwortung der Leitfrage: Gelerntes kann nicht vergessen werden – warum „vergessen" wir?

Wie schon erwähnt, kann Gelerntes nie vergessen sondern nur deaktiviert werden. Die Neuronen im Gehirn können sich flexibel umstrukturieren, je nachdem wie viele Reize über eine Synapse weitergeleitet werden. Bei intensiverer Nutzung eines Hirnareals werden dort stärkere synaptische Verbindungen mit mehr Nervenzellen aufgebaut.

Trotzdem können Kontaktstellen, die im Laufe der Zeit weiger häufig benutzt werden und für die nun auch weniger Neuronen stehen durch häufigere Nutzung wieder aktiviert werden.

Die Frage, warum wir Dinge überhaupt „vergessen" lässt sich damit beantworten, dass es eine feste Neuronenanzahl im Gehirn gibt, die sich nicht ändert. Doch weil wir immer wieder Neues dazu lernen, verteilen sich die Neuronen neu. Wird das neue Wissen nun in Zukunft häufiger angewandt, nimmt die Neuronenzahl, die für dieses Areal steht zu, indem die Neuronen eines weniger beanspruchten Areals dorthin „wandern".

Quellen:

https://www.erfolgreich-lernen24.de/hirnforschung/gehirn-funktion/was-geschieht-im-gehirn-beim-lernen.html (letzter Zugriff: 11.06.2017)

https://www.youtube.com/watch?v=EGKTH60rvoU (letzter Zugriff: 19.06.2017)

http://lempel2000.de/lernen.pdf (letzter Zugriff: 20.06.2017)

http://www.biologie-lexikon.de/lexikon/lernen.php (letzter Zugriff: 20.06.2017)

https://www.welt.de/gesundheit/psychologie/article119541805/Erinnerungen-im-Hirn-an-anderer-Stelle-als-gedacht.html (letzter Zugriff: 25.06.2017)

https://www.mpg.de/forschung/vergessen-ist-nicht-verloren   (letzter   Zugriff: 27.06.2017)

https://www.erfolgreich-lernen24.de/hirnforschung/gehirn-funktion/gespeichertes-wissen-kann-nicht-nicht-genutzt-werden-3.html (letzter Zugriff: 27.06.2017)

Bildquellen:

https://i0.web.de/image/950/32028950,pd=3/noergeln-gehirn.jpg   (letzter   Zugriff: 20.06.2017)

http://symptomat.de/images/thumb/Nervenzelle.jpg/300px-Nervenzelle.jpg   (letzter Zugriff: 25.06.2017)

http://www3.hhu.de/biodidaktik/gehirn/bild/synapse.JPG (letzter Zugriff: 20.06.2017)

http://images.gutefrage.net/media/fragen/bilder/aufgaben-der-synapsen/0_big.jpg (letzter Zugriff: 25.06.2017)

https://www.ecosia.org/images?q=hirnareale (letzter Zugriff: 27.06.2017)

https://www.ecosia.org/images?addon=opensearch&q=experiment+maus+auge+zu (letzter Zugriff: 27.06.2017)

https://www.ecosia.org/images?addon=opensearch&q=hippocampus+und+gro%C3%9Fhirnrinde (letzter Zugriff: 27.06.2017)